아빠와 아이 사진을 제공해 주신 인우/인영/하율/희준·희찬/희재·자영/서윤·시우/서현·서범/소정·림/찬희·란희·건희 가족분들께 진심으로 감사드립니다.

자장가로 교감하는 **프렌디** 육아

아빠가 사랑해

글 파란정원컨텐츠연구소
사진 고경대

새.를.기.다.리.는.숲

아빠라서 행복해요, **프렌디**

친구(friend)와 아빠(daddy)를 합친 '프렌디'가 낯설지 않은 요즘입니다. 그만큼 아빠 육아가 대세임을 증명하는 말이기도 하지요. 요즘의 프렌디들은 SNS 활동에도 매우 적극적입니다. 아이와 함께 노는 사진을 올리거나 육아 카페에서 육아에 대한 정보를 공유하며 여느 엄마 못지않은 육아 노하우를 자랑하기도 합니다.

아이에게는 아빠와 함께 하는 것 자체가 소중합니다. 하지만 아이와 친해지고 싶은 마음은 가득하지만 방법을 몰라 혼자 고민하는 아빠들도 적지 않습니다. 바쁘고 피곤하지만 아이가 잠자리에 드는 그 순간만이라도 아이와 단둘만의 시간을 가져 보세요. 《아빠가 사랑해》 안에는 아빠가 아이에게 해주고 싶은 좋은 이야기와 자장가가 담겨 있습니다. 조곤조곤 이야기를 들려주고, 등을 토닥이며 자장가를 불러 주는 그 시간을 통해 아이와 한껏 가까워질 수 있고, 친구 같은 아빠, 애인 같은 아빠가 될 수 있습니다.

연구에 따르면 아빠가 육아에 참여하는 시간이 많을수록 아이의 지적 능력과 인성이 발달한다고 합니다. 게다가 아빠의 육아는 아이의 성격, 사회성 발달에도 크게 영향을 끼칩니다. 우리 아이를 올바르게 키우고 싶다면 다른 어떤 공부보다 아이와 친해지고 싶은 아빠의 진심 어린 마음을 전해 보세요. 분명 아이는 달라질 것입니다.

훗날 아이와 공유할 수 있도록 소중한 추억, 많이 쌓으세요. 그래야 아빠와 아이가 진정으로 행복할 수 있습니다. 그게 바로 《아빠가 사랑해》가 바라는 꿈입니다.

아이에게 많은 것을 해주려고 하기보다
함께 하는 시간을 늘려 보세요

차례 contents

아이야,

눈을 감고 생각해 보자.

아침에 일어나서부터 지금 이 순간까지 어떤 일이 있었는지.

혹시 오늘 일 중 아쉬운 일이 있니?

지나간 아쉬움에만 빠져 있으면 아무것도 할 수 없단다.

똑같은 상황이 반복되지 않도록 하는 게 중요하지.

자, 이제 모든 걸 잊고 행복한 꿈을 꾸자.

아빠가 재워 줄게.

자장자장 잘 자라.

너의 잠든 모습을 보면 아빠 웃음이 난단다.

예쁘고 행복한 꿈 꾸어라.

잘 자라 우리 아가

잘 자라 우리 아가
앞뜰과 뒷동산에
새들도 아가 양도
다들 자는데
달님은 영창으로
은구슬 금구슬을 보내는 이 한밤
잘 자라 우리 아가 잘 자거라

온 누리는 고요히 잠들고
선반의 생쥐도
다들 자는데
뒷방서 들려오는
재미난 이야기만
적막을 깨뜨리네
잘 자라 우리 아가 잘 자거라

아이야, 너는 어떤 노래를 좋아하니?
오늘은 우리 함께 노래를 불러 볼까?
하나, 둘, 셋, 시작!
아빠는 너와 노래를 부르는 시간이 참 행복하단다.
너의 목소리를 듣고, 너의 미소를 볼 때
아빠의 마음이 따뜻해지거든.
내일은 아빠랑 더 재미있는 이야기를 나눠 보자.
잘 자렴.

아빠의 얼굴

어젯밤 꿈속에 나는 나는 날개 달고
구름보다 더 높이 올라 올라갔지요
무지개 동산에서 놀고 있을 때
이리저리 나를 찾는 아빠의 얼굴
무지개 동산에서 놀고 있을 때
이리저리 나를 찾는 아빠의 얼굴

푸른들 벌판에 나는 나는 나귀 타고
바람보다 더 빨리 달려 달려갔지요
어린이 동산에서 놀고 있을 때
이리저리 나를 찾는 아빠의 얼굴
어린이 동산에서 놀고 있을 때
이리저리 나를 찾는 아빠의 얼굴

아이야, 오늘 하루 어떻게 보냈니?

어떤 행복한 일이 있었는지 아빠한테 말해 줄래?

어떤 마음 아픈 일이 있었는지 아빠한테 말해 줄래?

아빠는 언제나 우리 아이 편이란다.

그러니 아빠를 믿고 힘든 일도 잘 이겨내 보자.

시련은 있어도 실패는 없는 법,
힘든 일, 어려운 일 모두 현명하게 이겨 내고
우리 함께 신나고 즐거운 일을 아주 많이 만들자.
오늘 밤도 행복한 꿈 꾸렴.

아빠와 크레파스

어젯밤엔 우리 아빠가 다정하신 모습으로
한 손에는 크레파스를 사가지고 오셨어요 음음
그릴 것은 너무 많은데 하얀 종이가 너무 작아서
아빠 얼굴 그리고 나니 잠이 들고 말았어요 음음
밤새 꿈나라엔 아기 코끼리가 춤을 추었고
크레파스 병정들은 나뭇잎을 타고 놀았죠 음음
어젯밤엔 달빛도 아빠의 웃음처럼
나의 창가에 기대어 포근히 날 재워 줬어요 음음

아이야!

'칭찬은 고래도 춤추게 한다.'는 말 들어본 적 있지?

그만큼 칭찬은 사람을 기분 좋게 한단다.

하지만 많은 사람에게 칭찬을 받는다고

무조건 좋은 것은 아니야.

'어떤 사람'에게 칭찬을 받느냐가 중요하지.

칭찬은 사람의 마음을 들뜨게 해서 우쭐하게 하기도 하거든.

으스대는 기분이 들수록 나 자신을 둘러보면서 더욱 겸손해야 한단다.

오늘도 좋은 꿈 꾸렴.

에델바이스

에델바이스 에델바이스
아침 이슬에 젖어
귀여운 미소는
나를 반기어 주네
눈처럼 빛나는 순결은
우리들의 자랑
에델바이스 에델바이스
마음속의 꽃이여

나는 좋은 아빠일까?

일본에는 육아에 관한 아빠들의 지식을 테스트하는 시험이 있다고 해요. 임신·출산, 질병, 육아지원 제도 등 총 50여 개의 문제가 있는데, 높은 점수를 받은 아빠에게는 '슈퍼 아빠' 상을 주고, 가장 낮은 점수를 받은 아빠에게는 '두근두근 아빠'라는 칭호가 붙여진다고 하네요.

요즘에는 육아에 있어 아빠의 역할이 커진 것이 사실이에요. 그래서 우리나라에도 육아 강의를 듣는 아빠들이 늘었다고 해요. 좋은 아빠가 되기 위해서는 아이와 잘 놀아 주는 것뿐만 아니라 아이가 좋아하는 것, 싫어하는 것, 좋아하는 장난감, 친한 친구 등 아이에 대한 많은 것을 잘 알고 있어야 하지요.

우리 아이에 대해 얼마나 알고 있는지 다음의 테스트를 해보세요. 물론 점수만으로 좋은 아빠, 나쁜 아빠를 판단할 수는 없어요. 다만, 내가 우리 아이에 대해 얼마나 알고 있는지, 얼마나 몰랐는지 아빠로서의 모습을 확인할 수 있어요.

• 오른쪽 체크 박스에 체크한 후 확인해 보세요.

1~3개	너무해요. 아빠 맞아요? 아이에게 좀 더 관심을 두세요.
4~7개	분발하세요. 아이와 함께 하는 시간을 많이 늘려야겠어요.
8~11개	아이의 눈높이를 잘 맞추고 있어요. 조금 더 욕심을 내볼까요?
12개 이상	아빠, 최고! 엄마 못지않은 아빠네요.

• 해당하는 내용에 체크해 보세요.

☐ 일주일에 3번 이상 아이에게 동화책을 읽어 준다.

☐ 누구의 도움 없이 혼자 아이를 보살필 수 있다.

☐ 아이가 어떤 장난감을 좋아하는지 알고 있다.

☐ 일주일에 두 번 이상 아이와 목욕을 한다.

☐ 아이가 좋아하는 애니메이션을 함께 본다.

☐ 혼자서 아이를 재울 수 있다.

☐ 아이가 울 때 5분 이내에 울음을 그치게 할 수 있다.

☐ 아내의 육아 일기에 동참하거나 아이 사진을 함께 정리한다.

☐ 외출할 때 아이의 물품을 잘 챙길 수 있다.

☐ 아이를 위해 해줄 수 있는 음식이 1개 이상 있다.

☐ 아이가 아플 때 응급처치를 할 수 있다.

☐ 일하면서도 아이의 안부를 물을 때가 있다.

☐ 내 아이와 비슷한 또래의 아이들에게 관심이 많다.

☐ 아이에게 하루에 세 번씩 애정 표현을 한다.

☐ 아내가 집안일을 할 때 아이와 놀아 준다.

아빠 엄마는 네가 겉과 속이 같은 사람이었으면 해.
간혹 사람들 중에 겉과 속이 다른 사람이 있거든.
사람들 앞에서는 착한 척, 괜찮은 척하지만
사실 속으로 자신의 본모습을 숨기는 거지.
하지만 사람들은 그 사람의 진짜 모습을 금세 눈치챈단다.
다른 사람이 있든 없든 솔직한 너의 모습을 보여 주렴.
그것이 바로 너의 진짜 모습이고,
그 모습을 통해 너의 문제점을 고칠 수 있단다.
아빠 말, 이해하지? 파이팅!

누가 누가 잠자나

넓고 넓은 밤하늘엔 누가 누가 잠자나
하늘나라 아기별이 깜박깜박 잠자지

깊고 깊은 숲 속에선 누가 누가 잠자나
산새 들새 모여 앉아 꼬박꼬박 잠자지

포근포근 엄마 품엔 누가 누가 잠자나
우리 아기 예쁜 아기 새근새근 잠자지

아이야, 세상은 혼자 살아가는 곳이 아니란다.
친구는 너의 일상을 더욱 풍부하게 해주고,
힘들 때 어깨를 내어 주는 그런 존재란다.
친구가 많다면 훨씬 더 재미있고 신나는 일이 많을 거야.
친해지고 싶은 친구가 있다면 용기를 내서 먼저 다가가렴.
환한 네 웃음에 그 친구도 분명 너에게 손을 내밀 거야.
용기 있는 사람이 되길 아빠가 항상 응원할게.
좋은 꿈 꿔.

과수원 길

동구 밖 과수원 길 아카시아 꽃이 활짝 폈네
하얀 꽃 이파리 눈송이처럼 날리네
향긋한 꽃 냄새가 실바람 타고 솔솔
둘이서 말이 없네 얼굴 마주 보며 생긋
아카시아 꽃 하얗게 핀 먼 옛날의 과수원 길

현명한 사람은 어부에게 물고기를 달라고 하지 않는단다.
물고기 잡는 법을 가르쳐 달라고 하지.
현명한 학생은 선생님께 답을 묻지 않는단다.
어떻게 답을 찾는 거냐고 묻지.
지혜로워지고 싶다면 '답'을 묻지 말고 '방법'을 물어보렴.
그게 현명해지고, 지혜로워지는 방법이란다.
잘 알겠지?

아가와 곰

아가랑 곰이랑 빙글빙글
아가랑 곰이랑 도리도리
아가랑 곰이랑 까꿍 까꿍
아가랑 곰이랑 뽀뽀뽀

아가랑 곰이랑 침대로 가서
아가랑 곰이랑 기도하고
아가랑 곰이랑 불을 끄고
아가랑 곰이랑 쿨쿨쿨

세상에서 하기 힘든 말 중 하나가 바로 "미안해."란다.
자신의 잘못을 솔직히 인정하고,
그로 인해 불편했던 사람에게 미안하다고 사과하는 것이야말로
진정으로 멋진 모습이란다.

우리 솔직하게 인정하자, 내 실수를.
그리고 진심으로 말하자, 미안하다고.
어렵지만 용기 내는 거야.
할 수 있지?

무지개

빨강 파랑 무지개 고운 무지개
하늘에 걸려 있는 오색 무지개
소나기 지나갔다 고운 무지개
보라 남색 파랑 초록 예쁜 무지개

아빠가 아이에게 전하는 마음의 글

아이를 위해 편지를 쓴 적이 있나요?

글은 말보다 감수성을 높여 줍니다. 귀로 듣는 말도 좋지만, 눈으로 보는 글은 더 오래 마음속에 남게 되지요. 오늘은 아이를 사랑하는 마음을 담아 직접 편지를 써보세요.

거창하지 않아도 돼요. 그 안에 아빠로서 아이에게 해주고 싶은 이야기가 담겨 있으면 돼요. 사랑한다는 말, 네 아빠라서 행복하다는 말처럼 아이에 대한 애정표현은 꼭 넣어 주세요. 물론 잘 알고 있지만, 많이 들을수록 기분이 좋은 말은 더더욱 많이 해주는 게 좋지요.

아빠의 어렸을 적 이야기도 좋고, 아빠의 회사 생활 이야기도 좋고, 아이의 생활을 궁금해하는 내용도 좋아요. 편지에 내용에는 제한이 없으니까요.

편지를 다 쓴 후에는 자는 아이의 머리맡에 살짝 놓아 주세요. 우표를 붙여 아이가 직접 편지를 받아볼 수 있도록 한다면 아이는 더욱 기분이 좋겠지요?

편지를 받은 아이의 표정을 상상하며 아빠가 아이에게 전하는 마음의 글을 시작해 보세요.

아이야, 어떤 생명이든 생명은 참 소중한 거란다.

한 번쯤 개구리에게 돌을 던져 본 적이 있을 거야.

그럴 때 기분이 어땠니?

너는 장난이었겠지만 개구리에게는 목숨이 걸린 일이란다.

세상에 하찮은 것은 없단다.
왜냐하면 해야 할 몫이 있기에 세상에 태어난 것이기 때문이지.
어떤 생명이든 함부로 여기지 않도록 앞으로 조심하자.
소중한 우리 아이야, 잘 자렴.

이 세상의 모든 것 다 주고 싶어

이 세상의 좋은 것 모두 주고 싶어
나에게 커다란 행복을 준 너에게
때론 마음 아프고 때론 눈물도 흘렸지
사랑하기 때문에 사랑하기 때문에
싱그러운 나무처럼 쑥쑥 자라서
너의 꿈이 이뤄지는 날 환하게 웃을 테야
해님보다 달님보다 더 소중한 너
이 세상의 좋은 것 모두 주고 싶어

이 세상의 좋은 것 모두 드릴게요
나를 가장 사랑하신 예쁜 우리 엄마
때론 마음 아프고 눈물 흘리게 했지만
엄마 정말 사랑해 정말 사랑해요
싱그러운 나무처럼 쑥쑥 자라서
나의 꿈이 꿈이 이루어지는 날 환하게 웃으세요
엄마를 생각하면 왜 눈물이 나지
이 세상의 좋은 것 모두 드릴게요

아이야!

너는 어떤 꿈을 꾸고 있니?

이루고 싶은, 되고 싶은 꿈을 과녁이라고 생각해 보렴.

그리고 우리는 과녁을 향해 날아가는 화살이 되는 거야.

오늘도, 내일도,

꿈을 향해 날아가는 화살이 되자.

때로는 바람이 불어 흔들릴 수도 있지만
그럴 때일수록 집중해서 과녁만 바라보고 날아간다면
백발백중이 어렵지 않을 거야.
아이야,
오늘은 얼마만큼의 속도로 어디를 향해 날아가고 있니?

둥개 둥개 둥개야

둥개 둥개 둥개야 두둥 둥개 둥개야
날아가는 학선아 구름 밑에 신선아
얼음 밑에 수달피 썩은 나무에 부엉이
둥개 둥개 둥개야 두둥 둥개 둥개야

둥개 둥개 둥개야 두둥 둥개 둥개야
날아가는 학선아 구름 밑에 신선아
얼음 밑에 수달피 썩은 나무에 부엉이
둥개 둥개 둥개야 두둥 둥개 둥개야

오늘은 아빠랑 닮은 곳을 찾아볼까?

쌍꺼풀 없는 눈? 날렵한 턱선? 아니면 날카로운 송곳니?

아, 맞다! 똑똑한 머리를 닮았구나.

아이야, 가족은 서로를 닮는 거란다.

그래서 가족이고, 그래서 아낌없이 사랑하는 거란다.

아빠와 가족이 되어 준 아이야,

많이 고맙고, 많이 사랑한단다.

똑같아요

무엇이 무엇이 똑같은가
젓가락 두 짝이 똑같아요

무엇이 무엇이 똑같은가
윷가락 네 짝이 똑같아요

아이야,

지금까지 달려온 시간보다 더 많은 시간이 네 앞에 펼쳐져 있단다.

그 많은 시간 안에는 당연히 즐겁고 행복한 일이 있겠지만,

주저앉고 싶을 만큼 힘든 시간도 분명 있단다.

하지만 힘든 시간을 현명하게 이겨낼수록 너 스스로가 성장하는 거란다.

그러니 힘들다고 지쳐 앉아 있지 말고

나를 성장시킬 기회라고 생각하고 당당히 이겨내자.

그리고 항상 뒤에서 응원하고 있는 아빠를 기억하렴.

많이 사랑한단다.

아기별

서산 넘어 해님이 숨바꼭질할 때에
수풀 속에 새집에는 촛불 하나 켜났죠
아니 아니 아니죠
켜 논 촛불 아니라
저녁 먹고 놀러 나온 아기별님이지요

오늘은 아빠가 요리사!

아이를 위해 앞치마를 두르고, 아이가 좋아하는 음식을 만들어 본 적 있나요?
아빠의 요리가 다소 서툴더라도 아이는 자신을 위해 음식을 준비하는 아빠의 모습에
서 아빠가 자신을 얼마나 사랑하는지 충분히 느낄 수 있어요. 이 소중한 시간을 사
진으로 남기세요.

✿ 채소 떡꼬치

필요해요

떡볶이 떡, 비엔나소시지, 색색의 파프리카, 새송이버섯, 양파

이렇게 만들어요

1. 비엔나소시지의 한쪽 끝을 +자 모양으로 칼집을 낸 후, 끓는 물에 데친다.
2. 파프리카, 새송이버섯, 양파 등을 적당한 크기로 자른다.
3. 준비된 재료를 골고루 꼬치에 끼운다.
4. 프라이팬에 기름을 살짝 두른 후 노릇하게 꼬치를 굽는다.
5. 케첩+고추장+올리고당을 섞어 소스를 만들고, 노릇하게 구운 꼬치에 소스를 곁들여 먹으면 맛있는 채소 떡꼬치 완성!

✿ 베이컨 가지롤

필요해요

가지 1개, 베이컨, 밥, 들기름, 소금

이렇게 만들어요

1. 가지는 채칼로 얇게 썰고, 프라이팬에 살짝 볶는다.
2. 프라이팬에 베이컨을 살짝 굽는다. 너무 바싹 구우면 오히려 딱딱해질 수 있다.
3. 밥에 들기름과 소금으로 간을 한 후, 아이 입에 들어갈 정도의 크기로 뭉친다.
4. 맨 밑에 베이컨을 깔고, 그 위에 얇게 썬 가지를 펼친다. 그런 다음 뭉친 밥을 올려 김밥 말 듯이 돌돌 말면 끝.

아이야!
지하철에서 자리를 양보한 적이 있니?
너의 소중한 것을 친구에게 양보한 적이 있니?
친구를 위해, 다른 사람을 위해 양보하며
한 걸음 물러서는 것은 결코 손해 보는 일이 아니란다.
나로 인해 다른 사람이 행복하다면
그것으로 충분히 마음의 부자가 되고,
무엇과도 비교할 수 없는 따뜻함과 행복이 주어지지.
못 믿겠다고? 한번 해보렴. 그럼 아빠 말을 이해할 수 있을 거야.
내일 아빠한테 이야기해 줘. 기다릴게.

엄마야 누나야

엄마야 누나야 강변 살자
뜰에는 반짝이는 금모래 빛
뒷문 밖에는 갈잎의 노래
엄마야 누나야 강변 살자

엄마야 누나야 강변 살자
뜰에는 반짝이는 금모래 빛
뒷문 밖에는 갈잎의 노래
엄마야 누나야 강변 살자

아빠가 수수께끼 하나 낼게. 잘 맞춰봐.
"빵은 빵인데, 영원히 먹을 수 있는 빵은?"
두구두구두구, 정답은, 정답은 바로바로 '희망의 빵'이야.
이 희망의 빵은 누구든지, 언제든지 먹을 수 있단다.
자, 생각해봐. 희망을 꿈꾸는 건 언제든지 할 수 있잖아.
누구나 희망을 꿈꿀 수 있고 말이야.

계획한 대로 되지 않을 때 사람들은 실망하고,

때로는 깊은 절망에서 빠져나오지 못한단다.

하지만 그럴 때일수록, 힘들 때일수록

오뚝이처럼 다시 일어설 수 있다는 희망을 품어야 해.

희망을 꿈꿔야 희망을 현실로 만들 자신감도 생기는 거거든.

오늘도 좋은 밤 되렴.

섬집아기

엄마가 섬 그늘에 굴 따러 가면
아기가 혼자 남아 집을 보다가
바다가 불러 주는 자장노래에
팔 베고 스르르르 잠이 듭니다

아기는 잠을 곤히 자고 있지만
갈매기 울음소리 맘이 설레어
다 못 찬 굴 바구니 머리에 이고
엄마는 모랫길을 달려옵니다

아이야, 자신의 잘못을 인정하는 건, 사실 어려운 일이란다.

아빠도 그렇거든.

"내 실수입니다. 미안합니다."라고 말하기가 무척 어렵더라고.

하지만 말이야, 하기 어려운 일일수록 용기 있게 더 잘해야 해.

그 실수를 바탕으로 더 나은 나를 만들어갈 수 있거든.

나 자신에게 솔직해지자.

작은 별

반짝반짝 작은 별 아름답게 비치네
동쪽 하늘에서도 서쪽 하늘에서도
반짝반짝 작은 별 아름답게 비치네

행복을 느끼고 싶거든 주변 사람에게 선물을 해보는 건 어떨까?
선물은 받을 때보다 줄 때 더욱 큰 행복을 느낄 수 있단다.
크든, 작든, 선물의 크기는 상관없어.
선물 받는 사람을 사랑하고 아끼는 네 진심을 담으면 되는 거야.
마음이 담긴 한 장의 쪽지도, 용기를 건네는 말 한마디도
상대방에게는 가늠할 수 없는 큰 선물이 될 수 있단다.
꼭 기억하렴.

자장자장

자장자장 우리 아기 잘도 잔다 우리 아기
꼬꼬닭아 우지 마라 우리 아기 잠을 깰라
멍멍개야 짖지 마라 우리 아기 잠을 깰라
자장자장 자장자장

자장자장 우리 아기 잘도 잔다 우리 아기
엄마 품에 폭 안겨서 칭얼칭얼 잠꼬대를
그쳤다가 또 하면서 쌔근쌔근 잘도 잔다
자장자장 자장자장

아빠와 아이만의 데이트

아이와 여유롭게 산책을 한 적 있나요?

공원도 좋고, 산도 좋아요. 아이와 소박하게 걸을 수 있는 곳이 있다면 함께 걸어 보세요. 걷다 보면 자연스레 대화가 이뤄지고, 대화를 통해 아빠는 알지 못했던 아이의 속마음을 알 수 있어요. 확 트인 풍경은 기분을 좋게 하여 마음을 열어 주거든요.

여유롭게 천천히 걸으면서 아이와 눈을 맞추고, 아이의 이야기에 귀를 기울여 주세요. 아이가 스스로 이야기를 풀어갈 수 있도록 이야기의 주도권을 아이에게 주고, 아빠는 아이의 이야기에 기분 좋게 호응을 해주세요. 아이는 자신의 이야기에 귀 기울여주는 아빠의 모습에 기분이 좋고, 자신이 존중받고 있다는 생각이 들거든요.

처음에는 어색해서 이야기가 이어지지 않을 수 있어요. 그럴 때에는 아빠가 먼저 대화를 시작해주세요. 아빠의 이야기에 아이가 동참함으로써 아이는 점차 대화를 주도적으로 이끌 수 있게 돼요.

아이가 초등학교에 다니면서 아이는 부모님과 함께 하는 시간보다 학교에서, 학원에서, 친구들과 보내는 시간이 더 많아집니다. 그럴 때일수록 아이와의 대화 시간을 충분히 가져야 해요. 그래서 요즘은 1박 2일은 기본, 3박 4일, 일주일씩 아이와 배낭 여행을 떠나는 아빠들이 늘고 있다고 해요.

아이와 단둘만의 시간, 대화가 단절되지 않도록 아빠가 항상 옆에 있음을 아이의 마음속에 진하게 심어 주세요.

• 아이와 단둘만의 시간을 보낸 후, 사진으로 남겨 보세요. 사진을 볼 때마다 그때의 추억이 떠올라 행복할 거예요.

아이야,

사실 거짓말은 절대 해서는 안 되지만,

거짓말을 한 번도 안 해 본 사람은 아마 없을 거야.

그게 비록 선의의 거짓말이라도 말이야.

사실 아빠도 거짓말을 몇 번 해봤지만,

거짓말을 할 때마다 마음이 무척 아프고 불편했단다.

아이야, 우리는 어떤 일이 있어도 서로에게 솔직하자.

그리고 거짓 없이 바르고 곧은 마음을 지키기 위해

항상 노력하자. 자, 약속!

참 좋은 말

사랑해요 이 한마디 참 좋은 말
우리 식구 자고 나면 주고받는 말
사랑해요 이 한마디 참 좋은 말
엄마 아빠 일터 갈 때 주고받는 말
이 말이 좋아서 온종일 신이 나지요
이 말이 좋아서 온종일 일 맛 나지요
이 말이 좋아서 온종일 가슴이 콩닥콩닥인데요
사랑해요 이 한마디 참 좋은 말
나는 나는 이 한마디가 정말 좋아요

사랑해요 이 한마디 참 좋은 말
우리 식구 자고 나면 주고받는 말
사랑해요 이 한마디 참 좋은 말
엄마 아빠 일터 갈 때 주고받는 말
이 말이 좋아서 온종일 신이 나지요
이 말이 좋아서 온종일 일 맛 나지요
이 말이 좋아서 온종일 가슴이 콩닥콩닥인데요
사랑해요 이 한마디 참 좋은 말
나는 나는 이 한마디가 정말 좋아요
사랑 사랑해요

아이야, 오늘은 엄마에 대해 이야기를 해볼까?

우리 아이에게 엄마는 어떤 사람이니?

설마 잔소리쟁이라고 하는 건 아니겠지?

엄마를 행복하게 할 방법에는 뭐가 있을까?

엄마가 해준 음식을 맛있게 잘 먹기,

엄마의 집안일을 잘 도와주기,

엄마가 말하기 전에 해야 할 일을 척척 하기 등

엄마를 기쁘게 할 일은 많아.

하지만 그중에서도 엄마가 가장 행복할 때는

"사랑해요." 하면서 엄마를 꼭 안아 줄 때가 아닐까?

오늘은 우리, 엄마에게 사랑의 표현을 해보자.

아주아주 진하게.

엄마 별 나의 별

지붕 위에 별들 그중에
나의 별은 어떨까
내 마음도 별을 따라서
반짝 반짝거릴 거예요
지붕 위에 별들 그중에
엄마 별은 어떨까
엄마 별도 내 마음 같아
반짝 반짝거릴 거예요

너와 정말 친한 친구가 잘못을 했다면 너는 어떻게 하겠니?

친구가 기분 나빠할까 봐 모르는 척 눈감을 거니?

아니면 잘못한 점을 지적하겠니?

아이야, 친구가 잘못을 하거든 진심으로 충고를 하렴.

하지만 자주 들으면 기분 나쁠 수 있으니까 조심하자.

만약 친구가 잘한 일이 있으면

기쁜 마음으로 진심을 담아 축하 인사를 건네주자.

그럴 수 있지?

반달

푸른 하늘 은하수 하얀 쪽배에
계수나무 한 나무 토끼 한 마리
돛대도 아니 달고 삿대도 없이
가기도 잘도 간다 서쪽 나라로

은하수를 건너서 구름 나라로
구름 나라 지나선 어디로 가나
멀리서 반짝반짝 비치 이는 건
샛별이 등대란다 길을 찾아라

아이야, 아빠 엄마는 너를 무척 많이 사랑한단다.

그래서 야단도 치는 거야.

어떤 부모든 자식이 훌륭하고 바르게 자라길 원한단다.

귀한 자식일수록 엄하게 키워야 한다는 옛말도 있지.

잘한 것은 칭찬하고, 잘못한 것은 꾸짖어

자식을 올바르게 이끄는 것이 바로 부모의 역할이란다.

우리 아이를 위해 아빠도 올바른 부모가 되도록 노력할게.

우리 서로 노력하자.

나뭇잎 배

낮에 놀다 두고 온 나뭇잎 배는
엄마 곁에 누워도 생각이 나요
푸른 달과 흰 구름 둥실 떠가는
연못에서 살살 떠다니겠지

연못에다 띄어논 나뭇잎 배는
엄마 곁에 누워도 생각이 나요
살랑살랑 바람에 소곤거리는
갈잎새를 혼자서 떠다니겠지

좋은 아빠가 되기 위한 지침서

누구나 좋은 아빠가 되고 싶어 하지요. 하지만 어떤 아빠가 좋은 아빠일까요?
많은 시간을 놀아 준다고 해서 좋은 아빠는 아니에요. 함께 하는 시간이 적다고 해
서 나쁜 아빠도 아니지요. 중요한 건, 아이와 노는 시간에 얼마나 아이에게 집중하
느냐입니다. 짧은 시간이라도 오직 아이에게만 집중하여 진하게 놀아 준다면 아이
에게 아빠는 먼 존재가 아니겠지요?
좋은 아빠가 되기 위한 지침서로 아이와 좀 더 가까워지세요.

1. 아이와 함께할 수 있는 것을 공유한다.

둘만의 비밀을 만들거나, 함께 운동이나 목욕을 하는 등 아이와 같이할 수 있는 것
들을 만들어 아빠와 아이 둘만의 시간을 보낼 수 있
는 것을 만든다.

2. 아빠의 감정으로 아이를 대하지 않는다.

기분이 좋을 때는 아이에게 한없이 잘해주다가도
피곤하면 놀아달라는 아이에게 짜증을 부리지 않
는다. 아이의 감정을 먼저 생각한다.

3. 하루에 한 번씩이라도 아이에게 사랑을 표현한다.

아무리 바빠도 하루에 한 번, 뽀뽀를 하거나 꼭 안아주는 등 아이에게 아빠가 사랑하고 있음을 표현한다. 애정 표현을 통해 아이와 아빠의 유대감이 강해진다.

4. 일관성 있게 행동한다.

아이의 똑같은 행동에 어제는 야단을 쳤는데 오늘은 그냥 넘어간다면 아이는 혼란스럽다. 한 번 안 된다고 야단친 것은 끝까지 밀고 나가 일관성을 유지해야 한다.

5. 좋은 아빠의 잘못된 편견을 버리자.

좋은 아빠는 근엄한 아빠가 아니다. 아빠의 위엄은 세우되, 아이의 마음을 헤아릴 줄 아는 자상하고 세심한 아빠가 되도록 노력하자.

6. 아이와 몸을 많이 부딪치자.

신체 활동은 유대감 형성과 친밀감 강화에 좋다. 엄마가 채워 주지 못하는 왕성한 신체 활동을 아빠가 도와준다면 아이는 성취감과 자신감을 얻을 수 있다.

7. 아이와의 약속은 꼭 지킨다.

아이는 부모와의 약속을 절대 잊지 않는다. 사소한 것이라도 아이와의 약속을 꼭 지킴으로써 약속의 중요성을 알려줄 수 있다.

아이야,

인생에는 때가 있단다.

그리고 오늘이 아니면 안 되는 것이 있고,

내가 아니면 안 되는 것도 있단다.

누구에게나 똑같이 주어진 인생이지만

너만의 인생을 알차게 보내기 위해서는

오늘의 할 일을 내일로 미루지 말자.

"지금은 일단 이렇게 하고, 나중에 다시 하자." 하며

오늘의 귀찮음을 내일로 미루지 말자.

지금 해야 하는 것을 반드시 지금 하는 것,

그것 자체가 시간을 버는 것이고,

기본을 갖추는 것이란다.

할 수 있지?

모래성

모래성이 차례로 허물어지면
아이들도 하나둘 집으로 가고
내가 만든 모래성이 사려져 가니
산 위에는 별이 홀로 반짝거려요

밀려오는 물결에 자취도 없이
모래성이 하나둘 허물어지고
파도가 어두움을 실어 올 때에
마을에는 호롱불이 곱게 켜져요

사람은 누구에게나 자신만의 개성이 있단다.
눈에 띄는 외모를 지니고 있어도 개성이 없다면 금세 잊히지만,
빼어난 외모가 아니더라도 그 사람만의 개성이 있다면
많은 사람에게 인기를 얻을 수 있단다.
연예인 중에서도 눈에 띄는 잘난 얼굴은 아니지만
그 사람만의 개성이 담긴 얼굴, 재미있는 입담을 지녀
인기가 많은 사람도 있잖니.
아이야, 너의 개성은 무엇이니?
너만의 특징에는 어떤 것들이 있을까?
언제 어디서든 당당한 네가 되었으면 좋겠구나, 아빠는.

내가 제일 좋아하는 말

몇천 번을 불러도 더 부르고 싶은 말
내가 제일 좋아하는 그런 말이 하나 있죠
어머니를 부를 때마다 다가선 어머니 얼굴
나에게 사랑으로 가르치시네
몇천 번을 불러도 더 부르고 싶은 말
내가 제일 좋아하는 어머니 내 어머니

몇천 번을 불러도 더 부르고 싶은 말
내가 제일 좋아하는 그런 말이 하나 있죠
어머니를 부를 때마다 다가선 어머니 얼굴
나에게 사랑으로 가르치시네
몇천 번을 불러도 더 부르고 싶은 말
내가 제일 좋아하는 어머니 내 어머니

아이야, '양치기 소년' 이야기 잘 알지?
혼자 있기 심심한 양치기 소년이
늑대가 나타났다고 거짓말을 해서
마을 사람들을 놀라게 했잖니.
하지만 정말 늑대가 나타났을 때는
아무도 양치기 소년의 말을 믿지 않았단다.
그동안 거짓말을 여러 번 했기 때문에
이번에도 당연히 거짓말인 줄 알았던 거지.
아빠는 네가 진실한 아이가 되길 바란단다.
그럴 수 있지?

꽃밭에서

아빠하고 나하고 만든 꽃밭에
채송화도 봉숭아도 한창입니다
아빠가 매어 놓은 새끼줄 따라
나팔꽃도 어울리게 피었습니다

애들하고 재미있게 뛰어놀다가
아빠 생각나서 꽃을 봅니다
아빠는 꽃 보며 살자 그랬죠
나보고 꽃같이 살자 그랬죠

아이야,

사람과 사람 사이에 가장 중요한 것은 무엇일까?

너는 어떤 친구가 진정한 친구라고 생각하니?

어떤 친구를 사귀든 아빠가 말해 주고 싶은 것이 있어.

친하게 지내고 싶은 친구가 있다면 진심으로 다가가렴.

진정한 마음은 반드시 상대방에게 전달되거든.

네가 먼저 진정한 친구가 되어야

그 친구도 너에게 진정한 친구가 될 수 있는 거란다.

왜냐하면 사람 사이에 가장 중요한 것은 마음이기 때문이란다.

아빠도 온 마음을 다해 너를 사랑한단다.

등대지기

얼어붙은 달그림자 물결 위에 차고
한겨울에 거센 파도 모으는 작은 섬
생각하라 저 등대를 지키는 사람의
거룩하고 아름다운 사랑의 마음을

모질게도 이 바람이 저 바다를 덮어
산을 이룬 거센 파도 천지를 흔든다
이 밤에도 저 등대를 지키는 사람의
거룩한 손 정성이여 바다를 비춘다

아이의 마음속에 오래 남는
'아빠의 말'

1. 이러고 있으면 아빠 피곤이 싹 풀려~

무릎에 아이를 앉히거나 꼭 껴안아 주는 등의 애정 표현을 하면서 행복한 표정으로
이 말을 하면 아이는 자신이 아빠의 피로를 풀어 주는 존재라고 느낀다.

2. 어떻게 이런 생각을 했어?

다소 엉뚱한 생각이나 말에도 칭찬해줌으로써 아이는 자신감을 가질 수 있다. 아이
의 생각과 말에 부모가 어떻게 행동하고, 어떻게 말을 하느냐에 따라 아이의 자존감
이 자라고 창의력이 자란다는 것을 잊지 말자. 사소한 일에도 칭찬을 해주어 엄마
아빠에게 인정받고 있다는 느낌을 주는 것이 좋다.

3. 아빠가 있으니깐 걱정하지 마. 괜찮아.

대부분의 아이들이 아빠보다는 엄마와 더욱 친근하다. 하지만 아빠
도 큰 힘이 돼줄 수 있음을 인식시켜주는 것이 좋다. 힘든 일이 있거
나 어려운 일이 있을 때 아이가 두려움을 떨쳐낼 수 있도록 아빠가
항상 옆에서 지켜 준다는 사실을 이야기한다.

4. 쉿! 엄마한테는 비밀이야. 우리만 알고 있어야 해.

비밀을 좋아하는 아이들의 특성을 이용해 아빠와 아이만의 비밀을 공유하면
아이와 친해질 수 있다.

5. 아빠도 처음에는 잘하지 못했어.

잘하고 싶은데 제대로 되지 않아 아이가 속상해할 때 아빠도 어렸을 때 같은 경험이
있었다는 것을 이야기해줌으로써 힘든 상황을 잘 받아들일 수 있게 도와준다.

• 오늘, 아빠로서 아이에게 해주고 싶은 말을 적어 보세요.

아이야,

어떤 일을 하던 후회가 없도록 최선을 다해야 한단다.

하지만 안타깝게도 최선을 다한다고 해서 반드시 성공하는 것은 아니야.

그렇지만 모든 일에 최선을 다하지 않으면

성공, 이 자체를 알지 못하게 되지.

어떤 일이든 네가 할 수 있는 만큼의 최선을 다하면

성공은 네 편이라는 거,

잊지 말자!

사랑해, 내 아이야.

별 하나 나 하나

별 하나 나 하나
별 둘 나 둘
별 셋 나 셋
별 넷 나 넷
별 다섯 나 다섯

별 여섯 나 여섯
별 일곱 나 일곱
별 여덟 나 여덟
별 아홉 나 아홉
별 열 나 열

오늘은 아빠가 나 자신을 돌보일 수 있는 방법에 대해 알려 줄까?
아이러니하게도 내가 돌보이기 위해서는 먼저 다른 사람을 인정해야 해.
나 자신을 낮춰 겸손해지면 다른 사람들이 나를 위하고 따르게 된단다.
많은 사람 사이에서 나를 돌보이고 싶다면,
또는 다른 사람이 나를 따르기를 원한다면
내가 먼저 상대방의 말에 귀를 기울이고 공감해 주자.
쉽지 않지만, 우리 함께 천천히 하나하나 해나가자.
할 수 있지?

옹달샘

깊은 산 속 옹달샘 누가 와서 먹나요
맑고 맑은 옹달샘 누가 와서 먹나요
새벽에 토끼가 눈 비비고 일어나
세수하러 왔다가 물만 먹고 가지요

깊은 산 속 옹달샘 누가 와서 먹나요
맑고 맑은 옹달샘 누가 와서 먹나요
달밤에 노루가 숨바꼭질하다가
목마르면 달려와 얼른 먹고 가지요

아이야, 너에게 오늘 하루는 어땠니?
오늘 내가 허투루 보낸 시간이
다른 누군가에게는 정말 소중한 시간이 될 수 있단다.

아이야, 지나간 시간은 되돌릴 수 없단다.
'뭘 해야 하지?' 고민하며 허투루 보내는 시간이 없도록
시간의 소중함을 아는 사람이 되었으면 한단다. 아빠는.

클레멘타인

넓고 넓은 바닷가에 오막살이 집 한 채
고기 잡는 아버지와 철모르는 딸 있네
내 사랑아 내 사랑아 나의 사랑 클레멘타인
늙은 아비 홀로 두고 영영 어딜 갔느냐

바람 부는 하룻 날에 아버지를 찾으러
바닷가에 나가더니 해가 져도 안 오네
내 사랑아 내 사랑아 나의 사랑 클레멘타인
늙은 아비 홀로 두고 영영 어딜 갔느냐

넓고 넓은 바닷가에 꿈을 잃은 조각배
철썩이던 파도마저 소리 없이 잠드네
내 사랑아 내 사랑아 나의 사랑 클레멘타인
늙은 아비 홀로 두고 영영 어딜 갔느냐

아이는 아빠를 보면서
성장한다는 거, 알고 계세요?

'모델링' 효과라는 말, 들어본 적 있나요?

아이가 아빠를 따라 하는 행동을 일컫는 말이에요.

아이는 아빠를 보면서 성장한다고 해요. 무심코 하는 아빠의 행동이 아이들에게는 따라 해야 할 행동이 되는 것이지요. 그렇기 때문에 아빠가 어떻게 행동하고, 어떻게 말을 해야 하는지가 매우 중요해요.

아이에게 이것 하지 마라, 저것 하지 말라 하며 다그치는 아빠들이 있어요. 하지만 아이를 야단치기 전에 자신의 행동을 살펴보세요. 아이의 행동이나 말에 자신의 행동이나 말이 녹아 있을 수 있거든요.

아이들의 무의식에 항상 살아 있는 아빠의 모습을 보고 그대로 따라 하기 때문이지요. 그래서 아빠의 평소 모습이 중요한 거예요.

공부도 마찬가지예요. 아이에게 공부해라 잔소리를 하기 전에 아빠가 먼저 공부하는 모습을 보여주는 것이 좋아요. 아빠가 공부하는 모습을 보고 아이는 호기심이 생겨 아빠 옆에서 책을 읽을 수 있고, 그러다 보면 공부에 흥미가 생겨 스스로 공부하고자 하는 의욕이 생기게 되는 것이지요.

그리고 생각해 보세요. 사실 아빠도 어렸을 때 공부하라는 잔소리에 기분이
썩 좋지는 않았을 거예요.
아빠의 작은 손짓 하나, 몸짓 하나가 아이의 인생과 꿈에 많은 영향을 끼친다는 점,
절대 잊으면 안 되겠지요?

• 아이 앞에서 무심코 했던 내 행동들을 적어 보세요.

옛말에 '모난 돌이 정 맞는다.'는 말이 있단다.

말이 좀 어렵지?

뾰족하게 모가 난 돌은 돌을 다듬는 연장인 정을 맞는다는 말로,

성격이 둥글지 못하고 뾰족하게 모가 나 있는 사람은

다른 사람들로부터 미움을 산다는 뜻이야.

나만 잘났다고 잘난 척을 하는 것도 모가 난 것이고,

선생님께 칭찬받는 친구가 미운 것도 모가 난 것이란다.

내일부터 마음속 모난 부분을 조금씩이라도 둥글게 다듬어가자꾸나.

아빠가 도와줄게.

하늘나라 동화

동산 위에 올라서서 파란 하늘 바라보며
천사 얼굴 선녀 얼굴 마음속에 그려 봅니다
하늘 끝까지 올라 실바람을 끌어안고
날개 달린 천사들과 속삭이고 싶어라

동산 위에 올라서서 파란 하늘 바라보며
천사 얼굴 선녀 얼굴 마음속에 그려 봅니다
하늘 끝까지 올라 실바람을 끌어안고
아름다운 천사들과 뛰어놀고 싶어라

정말 소중한 아이야,
아빠에게도, 너에게도,
엄마는 정말 소중한 사람이란다.
배 속에 너를 소중히 품고
힘든 열 달을 기쁘게 보내면서
지금까지 건강하게 너를 보살펴 주고,
네가 아플 때는 밤새 너를 간호하며
엄마는 잠 한숨 못 잔단다.
또한 우리 가족의 건강을 챙기기 위해
매일 맛있는 음식을 만들기도 하잖니.
힘들어도 항상 웃는 엄마를 위해
우리도 항상 웃으면서 엄마에게 말하자.
"엄마, 사랑해요."

사랑

엄마를 보면 나도 몰래
뛰어가 안기고 싶어
왜 그럴까 왜 그럴까
음 음 사랑이죠

엄마를 보면 나도 몰래
뛰어가 안기고 싶어
왜 그럴까 왜 그럴까
음 음 사랑이죠

아이야,

힘들다고 포기하는 순간

그동안 고생하고 노력했던 모든 것은 물거품이 된단다.

아빠는 네가 어떤 일을 하던 중간에 포기하지 않았으면 좋겠구나.

물론 원하는 결과를 얻지 못했다면 무척 실망스럽겠지.

하지만 그렇다고 해서 노력한 것이 없어지는 건 아니란다.

또한 초조해하지도 말고, 실패했다고 고개 숙이지도 마.

씩씩하게 다시 시작한다면 못해낼 것이 없단다.

네 나름의 방법으로 목표를 향해 열심히 달린다면

분명 네 노력에 대한 대가가 주어질 거란다.

아빠 믿지?

가장 가깝고도 가장 먼 사람 사이,
마음에 올바른 다리를 놓는 방법

1. 내 눈으로 직접 보기 전에 먼저 이야기하지 말자.
2. 상대를 속여서 이기는 것보다 지더라도 정직해야 한다.
3. 규칙은 지키라고 있는 것. 어떤 경우라도 정정당당하자.
4. 자신에게 먼저 솔직하자. 그것이 이기는 것이다.
5. 잘못된 것은 잘못되었다고 용기 있게 이야기하자.

아이의 자존감을 높여 주는 아빠 육아

한 연구 결과, 아빠가 육아가 적극적으로 참여할수록 아이의 자존감이 높아진다고 해요. 그렇다면 아빠가 육아에 많이 참여할수록 아이의 어떤 점이 달라질까요?

- 낯선 사람과도 잘 어울린다.
- 떼를 쓰다가도 아빠가 "안 돼."라고 말하면 잘못된 행동을 바로 멈춘다.
- 새로운 놀이를 하는 것을 좋아한다.
- 아빠에게 짜증을 내거나 화내지 않는다.
- 장난감을 가지고 놀면서 짜증을 내지 않는다.
- 아빠의 부탁을 잘 들어준다.
- 의도적으로 아빠의 관심을 끌려고 하지 않는다.
- 아빠의 장난에 잘 호응한다.
- 자신을 데리러 온 아빠를 보고 반긴다.
- 엄마와도 두터운 애착 관계를 형성하고 있다.

• 아이와 관계에 있어 이 책을 읽어 주기 전과 읽어준 후의 달라진 점을 적어 보세요.

자장가로 교감하는 **프렌디 육아**

아빠가 사랑해

초판 발행 2016년 7월 20일 ┃ **초판 인쇄** 2016년 7월 13일

글 파란정원콘텐츠연구소 ┃ 사진 고경대

펴낸이 정태선

기획·편집 안경란·정애영 ┃ **디자인** 한민혜 ┃ **마케팅** 김민경

펴낸곳 새.를.기.다.리.는.숲(자매사 파란정원) ┃ **출판등록** 제395-2010-000070호

주소 서울시 서대문구 모래내로 464 2층(홍제동) ┃ **전화** 02-6925-1628 ┃ **팩스** 02-723-1629

홈페이지 www.bluegarden.kr ┃ **전자우편** eatingbooks@naver.com

종이 세종페이퍼 ┃ **인쇄** 조일문화인쇄사 ┃ **제본** 경문제책

ISBN 979-11-5868-082-4 13590

KOMCA 승인필